動物のちえ ❶

食べるちえ
虫をえさにして魚を取るササゴイ ほか

元井の頭自然文化園園長 **成島悦雄** 監修

動物にとって、食べることは、
もっとも大切な行動のうちのひとつ。
草や木など、植物は、自分で栄養を
つくることができますが、
動物は、ほかの生き物を食べて、
その栄養を体にとりこむことで生き、
そして、子孫を残します。

ヒグマ

ずんぐりした体をしていて、力が強い。冬眠前の秋にはサケを食べて、体に栄養をたくわえる。

- 分類 ● ほ乳類ネコ目（食肉目）クマ科
- 全長 ● 1.5〜2.8m
- 体重 ● オス 120〜350kg　メス 50〜200kg
- 食べ物 ● 魚、植物の茎や根、果実、昆虫など
- 生息環境 ● 森林
- 分布 ● 北アメリカ、ユーラシア北部、日本（北海道）

ヒグマは秋、冬眠に備えて、
産卵するために
川をのぼってくるサケを
とらえて、食べます。
サケがジャンプしたところを、
するどい歯でかみついたり、
泳いでいるところを、
つめで引っかけたりして、
つかまえます。

食べ物を取るちえ・食べるちえ

ヒグマのするどい歯やつめのように、動物にはそれぞれ、食べ物を取ったり、食べたりするための、工夫された体のつくりが備わっています。
しかし、動物のなかには、さらに、
さまざまなちえをしぼるものがいます。

アオアシカツオドリは、
海のそばでくらす海鳥。
好物は魚です。

いったいどうやって、
元気に泳ぎまわる魚を
つかまえるのでしょうか。

アオアシカツオドリ

海岸のがけをねぐらにして、群れでくらす。産卵の時期には、オスが青い足を上げて求愛し、それをきっかけに、オスとメスがダンスをする。

分類 ● 鳥類カツオドリ目カツオドリ科
全長 ● 80〜85cm　体重 ● 約1.5kg
食べ物 ● 魚やイカ
生息環境 ● 熱帯地域の海岸
分布 ● 中央アメリカ〜南アメリカ大陸の太平洋沿岸

カツオドリが魚をつかまえるときは、
30メートル以上の高さから
ねらいをさだめて、
時速100キロメートルものスピードで
海に飛びこみます。

けれど、海に飛びこむときの、
水面にぶつかって受ける力は、
たいへんなもの。
そのまま飛びこむと、
全身の骨が折れてしまうでしょう。

ここでカツオドリは、
ちえを使います。

カツオドリは、海に飛びこむ直前に、
羽を引きよせ、後ろにぴんとのばして、
ロケットのように体を細くするのです。

こうすることで、
水面にぶつかって受ける力を
小さくすることができます。

そして、魚が泳ぐよりも
速いスピードで海にもぐっていき、
うかび上がってくるときに、
魚をくちばしでくわえ取って、
水中でのみこみます。

モグラは、地面の下にトンネルをほって、
ミミズをつかまえます。

ミミズは土を食べて、
その栄養を体にとりこむので、
ミミズの体の中には、
土がいっぱいつまっています。

しかし、モグラは、
ミミズの肉は食べたくても、
おいしくない土は食べたくありません。

そこでモグラは、ちえをしぼります。

まず、モグラは、
ミミズに頭のほうからかみつき、
前足で、ミミズの体を、
おしりのほうに向かって
強くしごきながら、食べます。
そして、半分くらいまで食べたら、
こんどはおしりのほうにかみつき、
頭があったほうに向かって
しごきながら、食べるのです。

そうすると、ミミズの体の中から
土がおし出されるので、
モグラはミミズを、
おいしく食べることができます。

ヨーロッパモグラ

モグラは視力が弱く、鼻と、びっしり生えた体毛で、えものの動きを感じとる。体の左右に外向きについている大きな前足を、平泳ぎをするように横に動かして土をかき、トンネルをほりすすむ。

分類●ほ乳類モグラ目（食虫目）モグラ科
体長●9.5～18cm　尾長●1.5～3.5cm
体重●65～120g
食べ物●ミミズ、昆虫など
生息環境●森林や草原の地中
分布●イギリス、スウェーデン南部、ヨーロッパ

テッポウウオという魚は、
水の外にいる昆虫を食べます。

でも、水の中にいる魚が、
いったいどのようにして、
水の外にいる昆虫を
つかまえるのでしょうか。

ここでテッポウウオは、
ちえを使います。

テッポウウオ

7種が知られている。水上の昆虫だけでなく、水面にうかぶアメンボや、水中の小魚やエビなども食べる。

分類 ● 魚類スズキ目テッポウウオ科
全長 ● 約25cm
食べ物 ● 昆虫、小魚、エビなど
生息環境 ● 熱帯地域の、川が海に流れこむ、河口近く
分布 ● インド洋〜西太平洋、日本(西表島)

テッポウウオは、水でっぽうのように、
口からピュッと水を飛ばして、
水面近くの草などにいる昆虫をうち落とすのです。

しかし、もともと水中と空気中では
光の通り方がちがうので、
水の外にあるものを水の中から見ると、
ほんとうの位置とは、少しずれて見えます。
水の外にいる昆虫をうち落とすのは、
そうかんたんではありません。

テッポウウオは、ここでもちえを使います。

水中から見える位置のずれも計算にいれて、
ねらいを定めているのです。

スズメはおもに、春から夏は昆虫を食べ、
秋になると、草や木の、実を食べます。

そのため、スズメのくちばしは、
昆虫や、植物の実など、
かたい物が食べやすいように、
太く短い形をしています。

ところが、近ごろのスズメは、春に
今までは食べなかった、サクラの花のみつも、
食べるようになりました。

もともと、花のみつを食べる
メジロのくちばしは細長く、
みつがある花のおくまで差しこんで
みつをなめ取るのに、
都合のいい形をしています。

しかし、スズメのような
太く短いくちばしでは、
花のおくまで届きません。

そこでスズメは、ちえをしぼります。

メジロ

目のまわりの白い輪っかがめだつ。舌の先がブラシ状になっていて、花のみつをなめ取るのに向いている。

分類●鳥類スズメ目メジロ科　全長●約11cm
体重●9.5〜12g　食べ物●花のみつや果実、昆虫など
生息環境●森林や市街地
渡りをする個体の分布●東アジア・日本（🟩子育ての場所）、東南アジア（🟦冬ごしの場所）
渡りをしない個体の分布●東アジア〜日本（🟥）

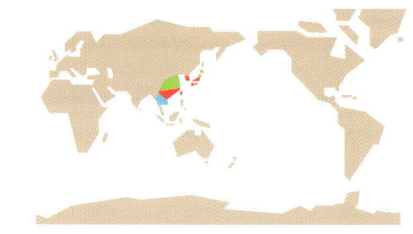

くちばしで、花をじくごとちぎり取り、
みつのある部分をチュチュチュとかんで、
みつを食べるのです。

このやり方なら、太く短いくちばしでも、
花のみつを食べることができます。

けれど、これは、サクラにとっては、
種ができなくなるので、めいわくな話です。

スズメ

人間の近くでくらす。サクラの花のみつを食べる行動は、1980年代の後半から、よく見られるようになった。

分類 ● 鳥類スズメ目スズメ科
全長 ● 14〜15cm　体重 ● 16〜18g
食べ物 ● 植物の種子、昆虫　生息環境 ● 民家や、田畑周辺など
渡りをする個体の分布 ● ユーラシア大陸北部（■子育ての場所）、
　　アフリカ・西アジア（■冬ごしの場所）
渡りをしない個体の分布 ● ユーラシア大陸〜東南アジア、日本（■）

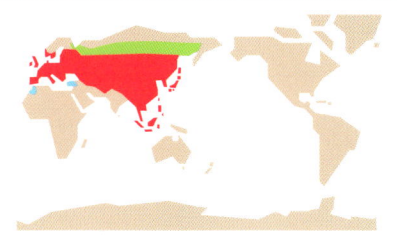

アフリカにすむ、クロコサギという鳥は、
魚やカエルを、するどいくちばしでつかまえ、
丸のみにして食べます。

ところが、アフリカでは、太陽の光がとても強いので、
水面が鏡のように光ってしまい、
水中にいるはずの魚が、上からは、ほとんど見えません。

そこでクロコサギは、ちえをしぼります。

クロコサギ

全身黒いが、足の指だけは黄色い。サギのなかまは、魚が近づくまで、長い時間動かずに、立ちつづけることができる。

分類 ● 鳥類ペリカン目サギ科
全長 ● 約50cm
食べ物 ● 魚やカエル
生息環境 ● 川や沼などの水辺
分布 ● アフリカ

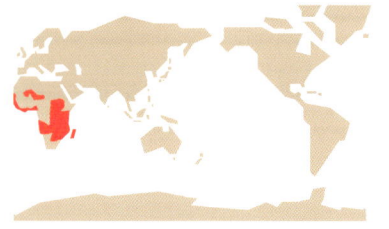

クロコサギは、首を折りまげると、頭の上に、
まるで日がさのように、自分のつばさを円く広げます。
そして、足を折りたたんで、うずくまるのです。

こうすると、水面にかげができて、魚が見えやすくなります。
そのうえ、動かないでじっとしていれば、
つばさのかげを、安全な草のかげだと思いこんだ魚が、
かくれようと、自分から入りこんできます。

クロコサギは、それを見のがさず、曲げていた首を素早くのばし、
水中にくちばしをつっこんで、魚をくわえ取って、食べます。

海にすむ、カエルアンコウという魚も、
えものの小魚を取るのに、
ちえをはたらかせます。

カエルアンコウの頭の上には、
背びれの一部が変化した
棒のような長い柄があって、
その先には、ひらひらした物が
ついています。

カエルアンコウは、小魚が近づくと、
この長い柄をぴっぴっと動かすのです。
そうすると、先のひらひらが、まるで
生きているエビかなにかのように
見えます。

そして、それを食べ物だと思った
小魚が、さらに近づいてきたところを
大きな口で、ぱくっとのみこんで、
食べてしまいます。

カエルアンコウ

体の模様が、くらしている環境とにている。じっと動かずにまわりにとけこみ、えものが近づくのを待ちぶせしてとらえる。

分類 ● 魚類アンコウ目カエルアンコウ科
全長 ● 約15cm
食べ物 ● ハゼなどの小魚
生息環境 ● 沿岸の砂やどろの海底
分布 ● 太平洋東部をのぞいた、世界の暖かい海

食べ物をたくわえるちえ

多くの動物は、食べ物を手に入れると、その場で食べてしまい、
人間のように、たくわえることはしません。
しかし、なかには、食べ物が少なくなる季節に備えて、
さまざまにちえをしぼり、食べ物をたくわえる動物もいます。

北海道にすむエゾリスは、
植物の種や木の葉、昆虫などを食べますが、
秋になると、森にたわわにみのる木の実を
たくさん食べるようになります。

ここでエゾリスは、ちえをはたらかせます。

秋、木の実を食べるだけでなく、
いろいろな場所にほった穴に
木の実をかくして、たくわえるのです。

エゾリス

一生のびつづけるがんじょうな前歯で、かたい木の実のからをかじって、中身を食べることができる。冬眠はしない。

- 分類 ● ほ乳類ネズミ目（げっ歯目）リス科
- 体長 ● 22〜23cm
- 尾長 ● 17〜20cm
- 体重 ● 300〜470g
- 食べ物 ● 種子、芽、果実、花など
- 生息環境 ● 森林
- 分布 ● 日本（北海道）

数か月後、あたりはすっかり冬景色。
そこらじゅう、雪でおおわれてしまいます。
エゾリスの食べる木の実は、もうありません。

でも、だいじょうぶ。
エゾリスは、秋にかくしておいた木の実を、
においでさがし、深い雪の下から、
ほり当てて食べます。

ドングリキツツキという鳥も、
冬がくる前に、ちえをしぼって
食べ物をたくわえます。

とがったくちばしで、木の幹に穴を開け、
その中にドングリを1個ずつうめこむのです。

ドングリキツツキ

家族で群れをつくる。ふだんの食べ物は、昆虫がほとんど。ドングリを食べるのは、昆虫の少ない冬の間と、子育てのいそがしい時期。

分類 ● 鳥類キツツキ目キツツキ科
全長 ● 約20cm
食べ物 ● ドングリ、昆虫、果実
生息環境 ● 森林
分布 ● 北アメリカ〜南アメリカ北部

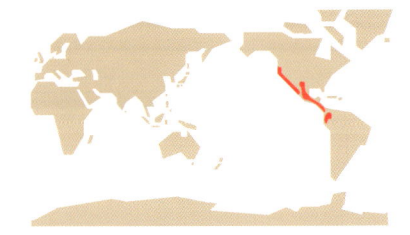

ドングリをうめこむときは、
落ちないように、
ちょうどよい大きさの穴を
選んで入れます。
そして、その後、
ドングリがかわいて縮み、
穴がゆるくなると、
小さい穴に移しかえます。

木にたくわえたドングリは、
ほかの動物に取られないよう、
群れのみんなで守ります。
ドングリをたくわえる木は、
何年もくりかえし使われます。

冬が長くきびしい高山でくらすナキウサギも、
ちえを使って、食べ物をたくわえます。

夏ごろから、食料となる草や木の葉などを集めて、
岩のすきまを利用した巣穴に、ためこむのです。

ナキウサギは、集めた草や木の葉に、
さらにちえを使って、ひと工夫をします。

あちこち走りまわって集めた草や木の葉は、
岩のすきまで日に当てて、干すのです。

しっかりかわかすため、太陽の位置が変わると、
草や木の葉に日が当たるよう、場所を変えます。
そして、日がかげると岩の下にしまい、
日が出ると、また引っぱり出して干します。

こうして、じゅうぶんにかわかした草や木の葉は、
冬の間の長持ちする食料となり、
そのうえ、暖かいベッドにもなります。

エゾナキウサギ

冬も活動する。岩と岩の間の小さいすきまを巣穴に使う。巣穴は、夏はすずしく、冬は暖かい。

分類 ● ほ乳類ウサギ目ナキウサギ科
体長 ● 12〜16cm
体重 ● 120〜160g
食べ物 ● 草、木の葉
生息環境 ● 山の岩場
分布 ● 日本（北海道）

道具を使って食べるちえ

動物のなかには、人間のように、道具を使って食べ物を食べたり取ったりする、すぐれたちえをもつものがいます。

かしこい鳥として知られるカラスは、
貝や木の実などを食べるときに、ちえを使います。
高いところから、コンクリートの道路や線路に落として、
からを割る行動が観察されているのです。

こうすれば、がんじょうなくちばしでも割ることができない、
かたい食べ物の中身を、食べることができます。
1回でうまく割れなくても、あきらめません。
何度かくりかえせば、割れることがあるからです。

ところが、クルミなどのかたい実は、
高いところから落とすくらいでは割れません。
そんなとき、さらにちえをはたらかせるカラスもいます。

そのようなかたい実は、車にひかせて割るのです。

クルミは、車が通りそうな道路に、
あらかじめ置いておきます。
あとは車がきて、タイヤで割ってくれるのを待つだけ。

なかには、信号で止まっている車のタイヤの前に、
素早くクルミを置くカラスもいます。
この方法なら、確実にクルミが割れるというわけです。

ハシボソガラス

開けた場所でくらす。クルミを車にひかせて割る行動は、ハシボソガラスだけで観察されている。街中に多いのは、別の種のハシブトガラス。

分類 ● 鳥類スズメ目カラス科
全長 ● 約50cm　体重 ● 400〜700g
食べ物 ● ミミズや昆虫、貝など、動物質のもの
生息環境 ● 農耕地や川、海岸など
渡りをする個体の分布 ● ユーラシア大陸北部（■子育ての場所）、東アジア（■冬ごしの場所）
渡りをしない個体の分布 ● ヨーロッパ〜日本（■）

エジプトハゲワシの好物は、ダチョウの卵です。
ダチョウの卵は、大きいうえに重いので、
くわえて空中にまい上がり、
上から落とすことができません。

そこでエジプトハゲワシは、ちえを使います。

石をくわえて、頭を上げてのび上がり、
なるべく高いところから、ありったけの力で
石を何度もぶつけて、卵のからを割るのです。
割れやすいよう、とがった石をさがして使い、
割れないと、別の石にかえることもあります。

エジプトハゲワシ

小型のハゲワシ。顔には羽毛が生えていない。ダチョウの卵が小さいときには、石を使わず、卵自体をくわえて地面に投げつける。絶滅危惧種。

分類● 鳥類タカ目タカ科　全長● 約65cm
体重● 約2.4kg　食べ物● 鳥の卵、死んだ動物の肉など
生息環境● 砂漠や草原、農耕地や市街地
渡りをする個体の分布● ヨーロッパ〜西アジア（■子育ての場所）、アフリカ（■冬ごしの場所）
渡りをしない個体の分布● アフリカ〜インド（■）

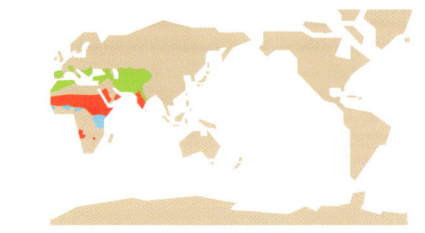

ラッコの好物は、かたいからをもつ二枚貝です。
中身を食べるには、貝がらを割らなければなりません。

そこでラッコは、ちえをはたらかせます。

ラッコは、いつも、前足のわきに、
貝を打ちつけて割るのにちょうどよい、
平らで手ごろな大きさの石をはさんで、持っています。
海底から貝を取ってくると、あお向けになり、
おなかの上に石を置きます。
その石に、両手で持った貝をはげしく打ちつけて、
からを割るのです。

ラッコ

海岸から10キロメートル以内の海でくらす。
海底でえものを取り、水面にあお向けにうかび
ながら食べる。絶滅危惧種。

分類●ほ乳類ネコ目（食肉目）イタチ科
体長●1.2〜1.5m　尾長●25〜37cm
体重●15〜45kg
食べ物●貝、エビ、イカ、ウニ、魚など
生息環境●冷たい海
分布●北太平洋沿岸

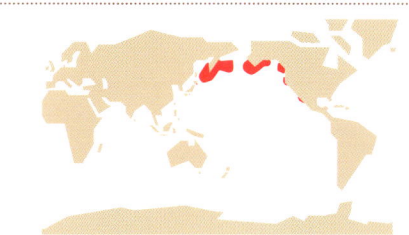

ササゴイという鳥は、
好物の魚を取るときに、
ちえをはたらかせて、
道具を使います。

いったいなにを使い、
どのようにして、
魚をつかまえるのでしょうか。

ササゴイ

青みがかった色の羽毛をしている。おもに夕方から夜に活動し、昼間は林の中などで休む。

分類 ● 鳥類ペリカン目サギ科　全長 ● 約52cm　体重 ● 135〜300g
食べ物 ● 魚、カエル、エビ、昆虫など　生息環境 ● 川や池、水田など
渡りをする個体の分布 ● 東アジア・本州以南の日本（■子育ての場所）
渡りをしない個体の分布 ● アフリカ〜南アメリカ（■）

虫を使い、人間がつりをするようにして、魚をつかまえるのです。

ササゴイはまず、くわえてきた虫を、岸近くの水面にポトンと落とすと、
その場にかがんで首を縮め、じっと水面を見つめます。
そして、その虫を食べようと、魚が近づいてくると、ササゴイは
素早い動きで縮めていた首をのばし、くちばしを水中につっこんで、
その魚をくわえ取ります。

うまく魚がこない場合には、場所を変えて、やり直します。
虫が見つからないときには、木の葉のかけらや、小枝などを使うこともあります。

チンパンジー

かわいたところから雨の多いところまで、あらゆる環境でくらし、さまざまな物を食べる。道具をつくるのは、サルのなかまでも、チンパンジーだけに見られる。絶滅危惧種。

分類 ● ほ乳類サル目（霊長目）ヒト科
体長 ● 74〜96cm
体重 ● オス 34〜70kg　メス 26〜50kg
食べ物 ● 果実、葉、花、昆虫、小動物など
生息環境 ● 森林、草原
分布 ● アフリカ西部〜中央部

チンパンジーは、
食べ物を取ったり食べたりするときに、
ちえを使って、いろいろな物を
道具として使うことが知られています。
物に手を加えて道具をつくることもあります。

土をもり上げてつくったアリ塚の中で、
数百万びきがいっしょにくらすシロアリは、
チンパンジーの大好物。
でも、アリ塚のおくにいるシロアリを
つかまえるのは、なかなかたいへんです。

そこでチンパンジーは、ちえを使います。

細長い棒を、アリ塚に差しこむのです。
すると、おこったシロアリが
棒にかみつき、棒を引きぬくと、
シロアリがとれるというわけです。

棒には、木の枝や、つるを使います。
あらかじめ、細かい枝や葉はむしり取り、
長さもちょうどよく調整しておきます。

生きていくためには、
もちろん水も飲みます。
しかし、水を飲みたいときに、
いつも水場が近くにあるとは
かぎりません。

そこでチンパンジーは、
ちえを使います。

木のうろの中など、顔が入らず、
口も届かないところにある水を、
木の葉を使って飲むのです。

葉は、口の中でよくかんで、
くしゃくしゃに丸め、
スポンジのように
ふわふわにしておきます。

こうして手を加えた葉を
うろの中に入れて水をふくませ、
口に運んで、水を飲むのです。

森にたくさんなる木の実も、チンパンジーの大好物。
でも、かたい木の実のからは、
チンパンジーの強力なあごを使っても、
なかなか割ることはできません。

そこでチンパンジーは、ちえをしぼります。

石を使って、かたい木の実のからを割るのです。
チンパンジーはまず、木の実をのせる台にする石と、
手に持って木の実をたたく石を用意します。
石は、使い道に合った形や大きさのものを選びます。
そして、中身をつぶさず、からだけが割れるように、
注意しながら、ゴンゴンと木の実をたたきます。

動物はそれぞれ、生きのびるために、
さまざまなちえをしぼり、ときには道具も使って、
食べ物を取ったり、食べたり、また、
たくわえたりしています。

動物の食べるちえ

　動物と植物のちがいはなんでしょう？　動物は名前のとおり、「動く生き物」です。植物はふつう、根が生えているため、動きまわることはできませんが、動物は足や羽を使って、自由に動きまわることができるものがほとんどです。
　生き物が生きていくためには、栄養が必要です。植物は、太陽が出す光を使って、水と空気中の二酸化炭素から炭水化物をつくり出します。この炭水化物が、植物の成長のためや、子孫を残すための栄養となります。
　いっぽう、動物は植物とちがって、自分で栄養をつくることができません。自分の体を維持し、成長し、子孫を残すためには、植物やほかの動物を食べて、栄養にしなければなりません。しかし、食べられる側の植物や動物も、天敵に食べられるのをおとなしく待っているわけではありません。とくに動物は、動くという特徴を生かして、食べられないための工夫もこらしています。
　この本では、食べる側の動物が、必要な栄養を得るため、食べ物を取るときや食べるとき、また、たくわえるときに、さまざまな「ちえ」をはたらかせていることを紹介しました。なかには、そのために道具を使う動物もいます。道具を使う行動は、生まれながらにしてもっている「ちえ」ではなく、親やなかまの行動を見て、それをまねて身につけていく「ちえ」です。動物は、食べる側も食べられる側も、生き残って、子孫を残すために一生懸命なのです。
　わたしたち人間は、農業や漁業のおかげで食べ物を心配しないですみますが、だからといって、食べ物をむだにしてはいけません。生きていくために必死に食べ物を手に入れようとする動物たちの「食べるちえ」から、教わることもたくさんありそうです。

成島悦雄（元井の頭自然文化園園長）

木の枝を使って、巣の中のシロアリを取るチンパンジーの子ども

監修

成島悦雄（なるしま・えつお）
1949年、栃木県生まれ。1972年、東京農工大学農学部獣医学科卒。上野動物園、多摩動物公園の動物病院勤務などを経て、2009年から2015年まで、井の頭自然文化園園長。著書に『大人のための動物園ガイド』（養賢堂）、『小学館の図鑑NEO 動物』（共著、小学館）などがある。監修に『原寸大どうぶつ館』（小学館）、『動物の大常識』（ポプラ社）など多数。翻訳に『チーター どうぶつの赤ちゃんとおかあさん』（さ・え・ら書房）などがある。日本獣医生命科学大学獣医学部客員教授、日本野生動物医学会評議員。

写真提供	ネイチャー・プロダクション、FLPA、Minden Pictures、Nature Picture Library
ブックデザイン	椎名麻美
校閲	川原みゆき
製版ディレクター	郡司三男（株式会社DNPメディア・アート）
編集・著作	ネイチャー・プロ編集室（三谷英生・佐藤暁）

※この本に出てくる動物の名前は、写真で取り上げている動物に合わせて、種名、亜種名、総称など、さまざまな表記をしています。
※この本に出てくる鳥の分類は、『日本鳥類目録 改訂版第7版』（2012年、日本鳥学会）を参考にしています。
※この本に出てくる動物のなかには、絶滅のおそれがある動物もいます。本書では、国際自然保護団体である国際自然保護連合（IUCN）の作成した「レッドリスト2013」（絶滅のおそれのある野生動植物リスト）をもとに、絶滅の危険性の度合いの高いものから、順に「近絶滅種」「絶滅危惧種」「危急種」として紹介しています。
※渡り鳥の分布は3色に色分けされていますが、色分けは目安で、実際の分布と同じではありません。

分類●特徴がにた動物をまとめて整理したもの　全長●体長と尾長を足した長さ　体長●頭から尾のつけ根までの長さ
尾長●尾のつけ根から先までの長さ　体重●体全体の重さ　（尾長と体重は、データをのせていないものもあります）
食べ物●おもな食べ物　生息環境●くらしている自然環境　分布●くらしている地域

動物のちえ ❶
食べるちえ　虫をえさにして魚を取るササゴイ ほか

2013年11月　1刷　2021年12月　5刷

編　著	ネイチャー・プロ編集室
発行者	今村正樹
発行所	株式会社 偕成社 〒162-8450　東京都新宿区市谷砂土原町3-5 ☎（編集）03-3260-3229　（販売）03-3260-3221 http://www.kaiseisha.co.jp/
印　刷	大日本印刷株式会社
製　本	東京美術紙工

© 2013 Nature Editors
Published by KAISEI-SHA, Ichigaya Tokyo 162-8450
Printed in Japan
ISBN978-4-03-414610-1
NDC481　40p.　28cm

※落丁・乱丁本は、おとりかえいたします。
本のご注文は電話・ファックスまたはEメールでお受けしています。
Tel: 03-3260-3221　Fax: 03-3260-3222　E-mail: sales@kaiseisha.co.jp